KISP
Prof. Kunow + Partner

Annette Kunow

7 auftriebsstarke Checklisten

für Ihr Projekt

Zielorientiertes und effizientes Projektmanagement mit richtiger Körpersprache und umfassender Kommunikation

COPYRIGHT © 2019

ISBN Nummer 978-3-96695-003-9

VORWORT

Durch die sehr schlanken Hierarchien in den heutigen Unternehmen wird die gezielte Steuerung auch von kleineren Projekten und die gekonnte Menschenführung zum Gradmesser des Projekterfolges. Einige dieser Faktoren und Anforderungen an den Projektleiter sind das Thema dieses Buches.

Durch Checklisten und Leerformulare werden Anregungen gegeben, sich für das eigene Projekt entsprechende Unterlagen zu erstellen.

Die Zielgruppe sind Praktiker in der Industrie und Studierende aller Disziplinen, die als Projektleiter in diesen Bereichen arbeiten wollen.

Bochum, im Frühjahr 2018

Prof. Dr.-Ing. Annette Kunow

Hier können Sie eine kostenlose Strategie-Session buchen oder schreiben Sie mir, wenn Ihnen dieses Buch gefällt und Sie Anregungen oder Fragen haben.

Hier kommen Sie zum kostenlosen Bonusmaterial zum Buch.

Besuchen Sie auch meinen Blog „Selbstführung & Produktivität". Ich helfe Ihnen, bessere Ergebnisse zu erzielen.

INHALTSVERZEICHNIS

Copyright © 2019 ....- 3 -

Vorwort ....- 4 -

Inhaltsverzeichnis ....- 6 -

1 Einführung ....- 7 -

2 Vorgehen zur Projektdefinition ....- 8 -

3 Kostenpunkte ....- 12 -

4 Zieldefinition...- 14 -

5 Korrekturmaßnahmen ergreifen ....- 22 -

6 Kommunikation ....- 25 -

7 Regeln für das kreative Projektteam ....- 33 -

8 To-Do-Listen zum Projektabschluss...............- 36 -

Literatur...- 39 -

Feedback ....- 47 -

    Danke für eine positive Bewertung....................- 47 -

    Anmerkungen, Fragen oder Kritik.......................- 47 -

Sachwörterverzeichnis ....- 48 -

Anhang: Liste der Links....................................- 52 -

ÜBER DIE AUTORIN.......................................- 53 -

1 EINFÜHRUNG

Der erste Schritt ist

die Hälfte des Weges.

Um richtig planen zu können, brauchen Sie es das richtige Handwerkszeug oder die richtigen Tools.

Ich bin eine Verfechterin von Checklisten. Deshalb zeige ich Ihnen hier meine 7 wichtigsten Checklisten zur Planung und erfolgreichen Durchführung eines Projektes.

Und Sie bekommen eine umfangreiche Beschreibung zu den einzelnen Schritten, um es gut umsetzen zu können.

2 VORGEHEN ZUR PROJEKTDEFINITION

Um ein Projekt erfolgreich zu machen, benötigt es eine gute Projektdefinition (https://www.kisp.de/erfolgreiches-projekt/). Dabei wird das Projekt möglichst von allen Seiten betrachtet.

Hier geht man am besten schrittweise vor.

- **Thema studieren, diskutieren und analysieren**

  Es ist sehr wichtig, dass das Team ausreichend Zeit mit Studieren, Diskutieren und Analysieren des Projektes hat, da dies jedem eine klare Vorstellung der Problematik verschafft. Es könnte notwendig sein, Nachforschungen bezüglich der Ansätze in anderen Projekten anzustellen, oder es muss untersucht werden, inwiefern andere Erfahrungsmuster zur Projektplanung beitragen könnten.

  Der Sinn dieser Tätigkeit ist die Klärung, dass das richtige Problem bzw. die richtige Gelegenheit ins Auge gefasst wird.

o **Projekt vorläufig definieren**

Wenn der Projektleiter die Situation im Griff zu haben glaubt, erstellt er eine vorläufige Projektdefinition. Diese wird natürlich mit dem Eintreffen neuer Information und den neu gemachten Erfahrungen laufend überarbeitet.

o **Notwendigkeiten und Wünsche auflisten**

Zuerst wird eine Liste von den absoluten Notwendigkeiten (need to have) erstellt, die im Endresultat des erfolgreich abgeschlossenen Projektes verwirklicht sein müssen. Danach kann eine zweite Liste die zusätzlichen Wünsche (nice to have) auflisten, deren Verwirklichung zwar nicht unbedingt zum erfolgreichen Abschluss des Projektes erforderlich ist, aber ihn vergrößern würde.

o **Endziel setzen**

Entweder muss das Endziel für das Projekt mit Hilfe der Projektdefinition selbst festgelegt werden oder das Endziel ist durch den Auftraggeber von vornherein festgelegt. Danach wird die Machbarkeit mit Hilfe der Projektdefinition überprüft.

o **Alternativstrategien entwickeln**

Zur Lösungsstrategie werden nun Alternativstrategien entwickelt, die ebenfalls zum Ziel führen könnten. Um diese Alternativen zu finden, empfiehlt es sich, Kreativitätsmethoden einzusetzen, wie das Abhalten von Brainstorming-Sitzungen oder das Erstellen von Mind-Maps, um das gesamte kreative Potential des Projektteams zu nutzen.

o **Alternativen bewerten**

Die Bewertung der so gefundenen und ausgearbeiteten Alternativstrategien ist der nächste Schritt. Dabei ist sicherzustellen, dass die gewählten Bewertungskriterien, zum Beispiel eine Marketingstudie oder eine Risikoanalyse, realistisch sind und das Endziel wiederspiegeln.

o **Vorgehensweise wählen**

Diese Bewertung erlaubt nun, eine Vorgehensweise objektiver auszuwählen, die der Projektdefinition sowie dem Endziel am besten entspricht.

Dieser Vorgang muss möglicherweise mehrmals durchlaufen werden, bis das gewünschte Resultat erreicht wird..

Heute wird für die Projektdefinition häufig Design Thinking eingesetzt, um das Projekt möglichst von allen Seiten zu entwickeln.

Design Thinking bezieht sich auf kreative Strategien, die ursprünglich Designer während des Designprozesses an-wenden. Heute wird es auch als Ansatz zur Lösung von Problemen in anderen Kontexten verwandt, zum Beispiel im agilen Projektmanagement.

3 KOSTENPUNKTE

---

o **Arbeitskosten**

Die Löhne und Gehälter aller direkt am Projekt arbeitenden Arbeiter und Angestellten für die dafür aufgewendete Zeit

o **Gemeinkosten**

Die Arbeitgeberabgaben und Nebenleistungen für die Projektmitarbeiter (i. allg. ein Prozentsatz der Gesamtlohnkosten).

o **Materialkosten**

Die Kosten aller Gegenstände, die im Projekt verbraucht werden, zum Beispiel Bauholz, Zement, Kabel.

o **Ausrüstungskosten**

Die Kosten von Werkzeugen, Geräten, Büroartikeln, etc., die im Projekt benötigt werden; bei einer Nutzung einer Einrichtung über die Projektdauer müssen die Kosten möglicherweise über die Dauer umgelegt werden

o **Gerätemieten**

Die Mietkosten für Großgeräte, zum Beispiel Gerüstmaterial, Kompressoren, Kräne

o **Nebenkosten**

Die Kosten für Management und unterstützende Dienste wie Einkauf, Buchhaltung, Sekretariat, etc., für die dem Projekt gewidmete Zeit (i. allg. ein Prozentsatz der Gesamtprojektkosten).

o **Gewinn**

Der Gewinn bei einem erfolgreichen Abschluss des Projektes (i. allg. ein Prozentsatz der Gesamtprojektkosten).

Wenn die einzelnen Kostenkategorien festgestellt sind und das Projekt in Einzelschritte aufgeteilt ist, wird das Budget für das gesamte Projekt festgelegt.

Die Kosten der Einzelschritte, die zum Beispiel durch einen Unterauftragnehmer anfallen, sind im Allgemeinen viel einfacher einzuschätzen als die eigenen, weil heute die meisten Aufträge zum Festpreis vergeben werden. Diese Kosten setzen sich dann aus dem vereinbarten Preis, dem Festpreis, und den Kosten für die Auswahl und Vergabe des Unterprojektes zusammen.

4 ZIELDEFINITION

Um sich weiterentwickeln zu können, müssen Sie Ihre Wertesystem immer wieder hinterfragen.

Jeder von uns hat einmal einen genialen Geistesblitz. Doch die Chancen und Voraussetzungen, ihn auch in die Realität umzusetzen, sind nicht immer gleich verteilt. So manche Chance auf Ruhm und Anerkennung, eine Idee für ein neues Buch, ein neues Produkt oder eine Marketing-Strategie, konnte nur deshalb nicht verwertet werden, weil nicht das richtige Werkzeug zur Verfügung stand, um die Idee über die kritische Phase der Planung hinaus in die Tat umzusetzen.

Erfolg bedeutet etwas mehr als nur, eine großartige Idee zu haben. Er steht und fällt vielmehr mit der Fähigkeit, diese Gedanken in greifbare Ziele umzuwandeln, auf deren Basis Projektpläne ausgearbeitet, Meilensteine gesetzt und Stichtage erreicht werden können. Da Ziele jedoch selten ohne Berücksichtigung des Umfeldes konsequent verfolgt und erreicht werden können, ist ferner Flexibilität und die Fähigkeit der Anpassung an den permanenten Wandel gefordert, dem eine dynamische Arbeitsumgebung unterliegt.

Deshalb ist es ist notwendig, ein Ziel genau zu definieren. Die Methode des Neurolinguistischen Programmierens (NLP), einem Beschreibungs-, Erklärungs-und Lehrmodell für die Kommunikation, geht dabei prozessorientiert vor.

Dabei ist es immer möglich, auch ohne eine Offenlegung des Ziels zu arbeiten.

Dies ist besonders beim Arbeiten in Konfliktsituationen in Unternehmen hilfreich. Allein die Beobachtung seiner Reaktionen und das Hinterfragen mit einer bestimmten Fragetechnik kann dem geübten Projektleiter zeigen, wie er das Verhalten des Mitarbeiters beeinflussen kann, ohne dessen Gefühle zu verletzen.

Bei der "inhaltsfreien" Befragung kennt der Fragende das Ziel des Befragten nicht, da dieser sein Ziel nicht preisgeben will oder kann. Der Fragende muss jedoch sicherstellen, dass der Befragte über eine hinreichend genaue Vorstellung von dem gewählten Zielbild verfügt.

Diese Fragen helfen Ihnen, Ihre Ziele genau zu beschreiben.

    o   Was wollen Sie erreichen?

    o   Was ist Ihr Ziel?

- o Wie genau möchten Sie sich wem gegenüber wann genau verhalten können?

- o Was möchten Sie können, wenn Sie Ihr Ziel erreicht haben?

Dabei ist es wichtig, auf positive Formulierungen, also keine Negationen, zu achten.

Auch Vergleiche in der Zielbeschreinung führen in die Irre. Oft sind es sogar offene Vergleiche, wie sie in der Werbung gerne benutzt werden, zum Beispiel „Werden Sie reicher!"

Zieldefinition ist unumgänglich

Aber ohne Wertedefinition gibt es keine Zieldefinition, die erfolgreich ist.

Wenn Sie sich vorstellen, dass Sie das sind, was Sie denken, dann wundert es nicht, dass Sie selbst bewirken, was Ihnen zu-fällt. Also gilt auch für Ihre Ziele.

Ihr Wertesystem übernehmen Sie zu Beginn Ihres Leben von Ihren Eltern und der nächsten Umgebung. Das sind dann Ihre Glaubenssätze, zu Ihren Lebensleitlinien werden.

In der Pubertät hinterfragen Sie dies zum ersten Mal und entwickeln nach und nach Ihr eigenes Wertesystem.

Hier können Se folgende Fragen zum Vertiefen stellen.

- o Was ist wichtig in Ihrem Leben?

- o Was wollen Sie erreichen?

- o Was ist Ihr Ziel?

- o Wie genau möchten Sie sich wem gegenüber wann genau verhalten können?

- o Was möchten Sie können, wenn Sie Ihr Ziel erreicht haben?

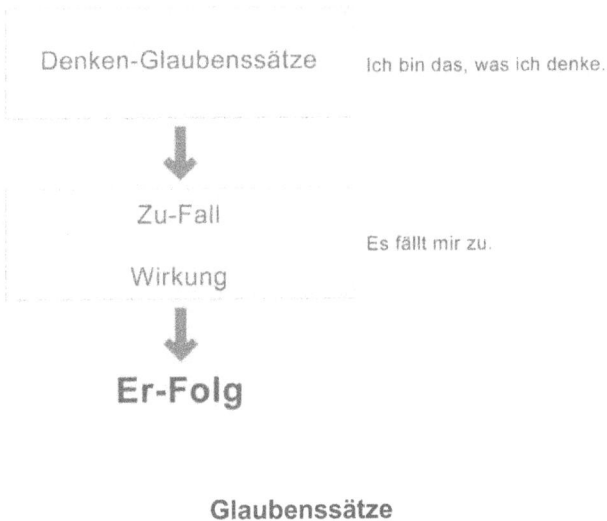

Denken-Glaubenssätze   Ich bin das, was ich denke.

↓

Zu-Fall

Es fällt mir zu.

Wirkung

↓

Er-Folg

Glaubenssätze

Durch Fragen wie: " ... wo genau, wie genau und wem gegenüber genau ...?" wird eine gute, den Kontext betreffende Analyse erreicht, zum Beispiel zu welchem Zeitpunkt oder in welchem Rahmen das Zielverhalten sinnvoll ist.

Um Klarheit für das Ziel zu bekommen, wird der gewünschte Zustand möglichst mit allen fünf Sinnen (visuell = sehen, auditiv = hören, kinästhetisch = fühlen, olfaktorisch = riechen, gustatorisch = schmecken) beschrieben und angesprochen.

Zum Beispiel verkauft ein Autoverkäufer ein Auto am besten mit den folgenden Worten: „Sehen Sie mal hier die tolle Form der Karosserie (V). Und dann der Sound des Motors (A). Und sitzt man nicht ausgesprochen bequem in den Sportsitzen (K)? Und riechen Sie mal das neue Leder (O)!" Nur schmecken kann man das Auto nicht (G)!

Wird der Inhalt einer Zielvorgabe jedoch veröffentlicht, braucht der Fragende nicht alles wortwörtlich zu verstehen, denn Worte sind nur Metaphern, deren wirkliche Bedeutung selbst dem Zielsuchenden zu Beginn des Prozesses oft noch nicht ganz klar ist.

Hinzu kommt, dass es ja manchmal gerade das Ziel einer Diskussion ist, einen Suchprozess zur Klärung oder Übersetzung dieser Metaphern einzuleiten.

Wenn sich während der Diskussion das Ziel verändert, geht dies meist mit einer Zunahme der Zufriedenheit des Zielsuchenden einher. Dies wird in seinem Körperausdruck sichtbar, zum Beispiel einer symmetrischen Körperhaltung und einem zufriedenen Gesichtsausdruck. Der Gesprächsleiter fördert diesen Prozess, indem er dem Zielsuchenden hilft, sein Ziel immer genauer zu formulieren. Auf diese Weise werden die Aussagen stimmiger, und das Ziel gewinnt an Konturen. Der Zielsuchende sieht versöhnt und symmetrisch aus. Er ist sich nun seiner Fähigkeiten bewusst.

Konkrete Beispiele zur Zieldefinition (Verdeckt und offen) finden Sie ausführlich im Buch „Projektmanagement & Business Coaching" (https://www.kisp.de/buchshop/projektmanagement-business-coaching/)

S.M.A.R.T.e Ziele

Im Projektmanagement hat sich der Begriff **S.M.A.R.T.** für eindeutige Ziele mit **S.M.A.R.T.**en Kriterien entwickelt. Dabei muss jedes Teammitglied das Ziel akzeptieren können.

Definition

Der Begriff **S.M.A.R.T.** stammt aus dem englischsprachigen Raum und gilt im Projektmanagement als Kriterium zur eindeutigen Definition von Zielen im Rahmen einer Zielvereinbarung. **S.M.A.R.T.** ist ein Akronym für „**S**pecific **M**easurable **A**ccepted **R**ealistic Timely".

Es kann so übersetzt werden: Ein Ziel ist nur dann S.M.A.R.T., wenn es diese fünf Bedingungen erfüllt.

o **S Spezifisch**: Ziele müssen eindeutig definiert sein. Nicht vage, sondern so präzise wie möglich.

o **M Messbar**: Ziele müssen messbar sein (Messbarkeitskriterien).

o **A Ausführbar** (erreichbar): Die Empfänger müssen die Ziele akzeptierten. Aber sie müssen auch angemessen, attraktiv oder anspruchsvoll sein.

o **R Realistisch**: Ziele müssen möglich sein.

o **T Terminierbar**: Zu jedem Ziel gehört eine klare Terminvorgabe, bis wann es erreicht sein muss.

Hier können Sie eine kostenlose Strategie-Session buchen oder schreiben Sie mir, wenn Ihnen dieses Buch gefällt und Sie Anregungen oder Fragen haben.

Hier kommen Sie zum kostenlosen Bonusmaterial zum Buch.

Besuchen Sie auch meinen Blog „Selbstführung & Produktivität". Ich helfe Ihnen, bessere Ergebnisse zu erzielen.

5 KORREKTURMAßNAHMEN ERGREIFEN

Während des Projektfortschritts und der Leistungs-
überwachung wird es immer Zeitpunkte geben, an de-
nen das Projekt hinter dem Plan zurückbleibt. Das er-
fordert im Allgemeinen immer Korrekturmaßnahmen,
aber der Projektleiter sollte sich auch davor hüten, zu
schnell einzugreifen. Manche Mängel korrigieren sich
von selbst.

Manchmal wird das Projekt hinter dem Plan her hinken,
manchmal wird es schneller fortschreiten als erwartet,
aber es wird schließlich "im Plan" abgeschlossen sein.

Es wäre unrealistisch, immer einen gleichmäßigen
Fortschritt nach Plan zu erwarten.

Wenn das Projekt tatsächlich dem Plan nachzulaufen
beginnt, gibt es mehrere Möglichkeiten, damit umzu-
gehen.

o **Neu verhandeln**
   Besprechen einer Möglichkeit für eine Fristen-
   verlängerung oder eine Budgeterhöhung mit
   dem Kunden.

o **Aufholen**

Wenn bei angeschlossenen Einzelschritten Zeit verlorenging, muss das Budget und der Zeitplan für die restlichen Arbeiten kontrolliert werden. Vielleicht sind dort Einsparungen möglich, um die Kosten- und Zeitvorgaben doch noch einzuhalten.

o **Eingrenzung des Projektumfangs**

Es können unwichtige Projektschritte (Wunschliste) gestrichen werden, um Kosten zu reduzieren und Zeit einzusparen.

o **Ressourcen erhöhen**

Es können mehr Mitarbeiter und Maschinen für das Projekt eingesetzt werden, um einen wichtigen Termin zu halten. Die Kosten dafür müssen der Wichtigkeit, bzw. dem Nutzen gegenübergestellt werden.

o **Ersatz suchen**

Wenn etwas nicht zur Verfügung steht oder teurer als erwartet ist, kann ein Ersatz durch vergleichbare Materialien oder Geräte Einsparungen bringen oder die Arbeit erst ermöglichen.

o **Alternative Quellen**

Kann ein Lieferant nicht im vorgegebenen Zeit-

oder Kostenrahmen liefern, sollte sofort ein Ersatz für seinen Lieferumfang gesucht werden. Die vom Lieferanten angebotene Alternative kann aber auch einmal akzeptiert werden, ehe er ausgewechselt wird.

○ **Teillieferungen**

Manchmal kann ein Zulieferer mit Teillieferungen helfen, ein Projekt im Zeitrahmen zu halten und die restliche Lieferung später nachliefern.

○ **Zulagen**

Das Hinausgehen über die Grenzen des ursprünglichen Vertrages oder das Angebot einer Zulage oder ähnlicher Anreize kann die rechtzeitige Lieferung doch noch ermöglichen.

○ **Vertragseinhaltung fordern**

Manchmal ist es durch die nachdrückliche Aufforderung, auch durch die Androhung einer Pönale möglich, sich an getroffene Abmachungen zu halten, das gewünschte Resultat zu erzielen. Am besten ist es, wenn dies schon Vertragsbestandteil ist. Möglicherweise muss die Geschäftsführung um Unterstützung gebeten werden.

Aber Korrekturmaßnahmen dürfen nicht zu früh eingeleitet werden!

6 KOMMUNIKATION

Eine große Stolperfalle im Projekt ist, wenn die Kommunikation im Team schlecht ist, werden die Teammitglieder absichtlich oder unabsichtlich nicht oder nur spät informiert.

Um dies zu vermeiden, werden klare Regeln durch den Projektleiter aufgestellt. Zum Beispiel, wie Feedback gegeben wird.

In Projektbesprechungen wird ebenfalls auf eine klare Kommunikation geachtet. Konflikte werden sofort gelöst.

Die Kommunikation unterscheidet zei Bereiche.

- o **Verbale Kommunikation**
  Das gesprochene Wort ist 1/7 der Kommunikation.

- o **Nonverbale Kommunikation**
  Wichtig ist es, neben der verbalen (dem gesprochenen Wort) die nonverbale Kommunikation zu fördern.
  Das sind neben der Körpersprache, Gestik, Mimik, Tonlage, etc.

Hier können wichtige Informationen abgelesen werden.

Die nonverbale Kommunikation gilt im Zweifelsfalle.

Projektbesprechungen führen

Projektbesprechungen sind ein sehr wichtiger Bestandteil der Arbeit des Projektleiters. Sie beanspruchen bis zu 20 % seiner auf das jeweilige Projekt bezogenen Zeit.

Die Verhandlungen sind aber auch ein wichtiges Werkzeug, um den Erfolg eines Projektes zu erreichen, zum Beispiel, indem frühzeitig Probleme erkannt werden.

Ganz wichtig ist bei Besprechungen das Miteinander, wenn sie zu einem positiven Ziel führen sollen. Es muss sichergestellt werden, dass die Parteien gleichberechtigt sind und dass dies allen bewusst ist.

Keine Partei verfügt also über die Macht, um ein Resultat zu erzwingen. Das gerade macht das Verhandlungsgeschick aus.

Kommunikationsregeln für Besprechungen

o **Die Vorbereitung**
  Der Besprechungsleiter muss das Ziel einer Besprechung, bzw. Verhandlung genau kennen

und es den Teilnehmern ebenfalls genau mitteilen.

Ein wichtiger Teil der Zieldefinition ist die Überlegung, was zu tun ist, wenn keine Einigung nach den Vorstellungen des Projektleiters oder den Projekterfordernissen erzielt werden kann.

Der Einfluss auf das Ergebnis einer solchen Verhandlung basiert auf attraktiven Alternativen, die dann vorgestellt werden können.

Je einfacher es für den Projektleiter ist, die Verhandlung abzubrechen oder zu vertagen, desto stärker wird seine Verhandlungsposition.

Alle Teilnehmer einer Besprechung, auch der Projektleiter, sind verpflichtet, die "Hausaufgaben" zu erledigen, das heißt, kein Teilnehmer darf unvorbereitet in die Besprechung kommen.

Alle Beteiligten sollten sich die Zeit nehmen (können), die sie zur Vorbereitung benötigen, selbst wenn sie um Aufschub bitten müssen.

○ **Minimierung von Wahrnehmungsunterschieden**

Das Bild des Ereignisses, das sich ein Mensch macht, basiert auf seiner "Geschichte" und seiner Erfahrung.

Diese kann sich von dem des Verhandlungspartners deutlich unterscheiden. Deshalb darf man nie davon ausgehen, den Standpunkt des anderen zu kennen.

Erst durch Hinterfragen können Unklarheiten beseitigt und eine Übereinstimmung erzielt werden.

Deshalb ist es sehr wichtig, sehr deutlich eine Sache zu definieren, damit das Gegenüber das Bild bestätigen oder korrigieren kann.

Dabei helfen Fragetechniken zum Beispiel aus der Zielbefragung.

Durch diese Fragestellungen kann die Situation genau erfasst werden. Durch genaue Beobachtung erkennt man, was im Gegenüber vorgeht, um anschließend die richtigen Maßnahmen zu treffen.

- **Zuhören**

  Aktives, aufmerksames Zuhören ist für effektives Verhandeln eine Verpflichtung.

  Der Besprechungsleiter muss die anderen zu Wort kommen lassen. Wenn er über 50% der Zeit selbst redet, hört er eindeutig <u>nicht</u> genug zu.

  Dazu gehört auch das Respektieren stiller Pausen.

  Die neuen Eindrücke müssen erst verarbeitet werden, bevor eine Fortsetzung sinnvoll ist.

Keiner sollte der Versuchung unterliegen, diese kreativen Pausen mit Reden auszufüllen.

o **Notizen machen**

Das Notieren dessen, was besprochen und was beschlossen wird, ist notwendig.

Bei einer hohen Beanspruchung ist es nicht sinnvoll, sich auf das Gedächtnis allein zu ver-lassen. Deshalb werden die getroffenen Über-einkommen in einem Memorandum zusam-mengefasst.

Dieses Memorandum (Protokoll) muss neben den Maßnahmen auch die Verantwortlichen und die Fristen nennen. Wenn der Projektleiter das nicht selbst tun kann, bestimmt er einen Teil-nehmer vor der Besprechung dazu.

o **Kreativität einbringen**

Ein zu frühes Beenden der Sitzung oder nör-gelnde Kritik an Äußerungen der Mitarbeiter dämpft die Spontaneität der Teilnehmer.

Für die Problemlösung sollte immer auch Zeit für alternative oder ungewöhnliche Lösungsvor-schläge eingeräumt werden.

Während einer solchen Diskussion können alle Ideen wertfrei, das heißt ohne Kritik, vorgetra-gen werden. Alle Verhandlungen, aber auch die ganze weitere Zusammenarbeit kann von einem solchen kreativen Vorgehen profitieren.

- o **Die andere Partei unterstützen**
  Gute Verhandlungspartner erkennen, dass das Problem der Gegenpartei auch das eigene Problem ist.
  Dazu versetzt man sich in die andere Partei und arbeitet mit ihr gemeinsam eine für alle akzeptable Lösung heraus. Schließlich hält eine Abmachung nur, wenn sie von allen getragen wird.

- o **Kompromisse schließen**
  "Etwas für nichts" zu geben, sollte vermieden werden.
  Wenigstens ein Versprechen über den guten Willen oder eine zukünftige Rückzahlung muss für das Geben übrigbleiben.
  Selbst wenn einem selbst die gemachte Zusage nicht so viel wert wie dem Gegenüber ist, gibt es sicher immer etwas, das einem wichtiger ist als der Gegenseite.

- o **Entschuldigungen rasch einbringen**
  Wenn man sich während der Verhandlung in der Wahl des Wortes vergriffen hat, ist eine Entschuldigung der schnellste und sicherste Weg, bei dem anderen Menschen die negativen

Gefühle abzubauen.

Das ist nicht nur notwendig, wenn es um eine persönliche Entschuldigung geht. Auch eine Entschuldigung über die gegenwärtige, verfahrene Situation kann wirksam sein.

So sollte nicht durch feindselige Bemerkungen zu einem schlechten Gesprächsklima beigetragen werden.

Feindseligkeit lenkt die Diskussion vom Wesentlichen auf eine Selbstverteidigungsebene, auf der man dem Gegenüber schaden will.

o **Ultimaten vermeiden**

Ein Ultimatum verlangt immer, dass die Gegenseite entweder aufgibt oder den Kampf bis zum bitteren Ende ausficht.

Weder das eine noch das andere Resultat wird einer zukünftigen, positiven Kooperation in einem Projekt zuträglich sein.

Daher sollte vermieden werden, jemanden in die Enge zu treiben. Das geschieht zum Beispiel, wenn man der Gegenpartei nur Alternativen bietet, die für die andere Seite nicht akzeptabel sind.

Dem Gegenüber sollte immer ein Hintertürchen offen gelassen werden.

o **Realistische Termine setzen**

Viele Verhandlungen ziehen sich zu lange hin, weil kein Termindruck (Zeitplan für die Besprechung) besteht.

Eine Deadline verlangt von beiden Seiten, dass sie ihre Zeit wirksam einsetzen.

Ein realistischer Termindruck animiert beide Seiten zu Zugeständnissen und Kompromissen. Allerdings sind Termine zu vermeiden, die nicht realistisch sind und nicht eingehalten werden können.

7 REGELN FÜR DAS KREATIVE PROJEKTTEAM

- o **Projektteam**

  Atmosphäre des Vertrauens und der Kollegialität zu schaffen

  "Wir-Gefühl" im Projekt fördern

  Offene, umfassende Kommunikation anstreben

  Konflikte so früh wie möglich erkennen und lösen

  Gute Leistungen anerkennen und weiterleiten

  Teammitglieder bringen sich gegenseitig Respekt und Vertrauen entgegen

- o **Konflikte und Probleme**

  Konflikte und Probleme werden offen angesprochen und gelöst . Gefühle wie Ärger und Zorn werden offen ausgesprochen und nicht unterdrückt

  Alle sind gleichberechtigte Partner und niemand dominiert

- o **Unterschiedliche Meinungen werden als Beitrag zur Lösung des Problems empfunden**

  Es wird ausschließlich konstruktive Kritik geübt.

Kritik dient ausschließlich dem Projektfortschritt und ist nicht persönlich. Unterschiedliche Meinungen tragen zur Lösung des Problems bei.

o **Definierte Rollen und Verantwortlichkeiten**
Jedes Teammitglied in High Performance Teams versteht, was es tun muss oder auch nicht, um den Erfolg des Projekts zu unterstützen.

o **Koordinierende Beziehung aller Teammitglieder**
Die einzelnen Arbeitsschritte ermöglichen durch die Bindung eine effiziente Abstimmung innerhalb des Teams.

o **Im Team wird Konsens angestrebt**
Alle Teammitglieder halten sich an einmal getroffene Entscheidungen.

o **Team-Besprechungen**
Alle halten die "Spielregeln" ein: gute Vorbereitung vor Sitzungen, Erledigung der gestellten Aufgaben zum Termin, Pünktlichkeit
Informationen über das Projekt werden allen mitgeteilt.
Die Aktivitäten aller Teammitglieder sind allen anderen bekannt. Kein Teammitglied führt Tä-

tigkeiten ohne vorherige Absprache mit dem Projektleiter/der Projektleiterin aus.

Die Aufgaben wie Protokollieren, Überwachen von Listen etc. werden gerecht verteilt

Technische Fortschritte festhalten

Empfehlungen für die zukünftige Entwicklung zusammenfassen

Das durch die Zusammenarbeit Gelernte zusammenfassen

- o **Leistungen**

  Leistungsberichte über die Mitglieder des Projektteams schreiben

  Allen Mitarbeitern ein Feedback über ihre Leistung geben

- o **Projektabschluss**

  Schlussprüfung durchführen

  Schlussbericht schreiben

  Projektrückblick mit den Kernmitarbeitern führen

  Das Projekt für abgeschlossen erklären

8 TO-DO-LISTEN ZUM PROJEKTABSCHLUSS

- ○ **Die letzten Arbeiten im Projekt erledigen**

  Das Projektergebnis wird auf Funktionstüchtig-keit überprüft.

  Die Bedienungsanleitung wird geschrieben.

  Die letzten Pläne werden angefertigt.

  Das Projektergebnis wird an den Auftraggeber ausgeliefert.

  Das Personal des Auftraggebers wird im Ge-brauch des Produktes, bzw. der Einrichtung ge-schult.

- ○ **Projektmitarbeiten versetzen**

  Mitarbeiter werden in ihre Abteilung versetzt oder einem neuen Projekt zugeordnet.

- ○ **Ressourcen am Projektende aufräumen**

  Überschüssiges Gerät und Material wird zum neuen Einsatzort gebracht oder entsorgt.

  Nicht mehr benötigte Einrichtungen und Räum-lichkeiten werden zurückgegeben.

- ○ **Leistungsberichte über die Mitglieder des Projektteams schreiben**

  Der Projektleiter erfasst sein Feedback zur

Leistung der jeweiligen Mitarbeiter schriftlich
und leitet sie an den zuständigen Abteilungslei-
ter weiter, der für die Leistungsbeurteilung zu-
ständig ist.

o **Allen Mitarbeitern ein Feedback über ihre
Leistung geben**

Der Projektleiter gibt sein Feedback zur Leistung direkt an die jeweiligen Mitarbeiter.

o **Schlussprüfung durchführen**

Eine Schlußprüfung wird am besten mit einer
Checkliste durchgeführt, in der alle wesentlichen Punkte aufgeführt sind.

o **Schlussbericht schreiben**

Der Schlussbericht wird geschrieben. Er gehört
zur Projektdokumentation.

o **Projektrückblick mit den Kernmitarbeitern
führen**

Zum Projektrückblick sollten die wichtigsten
Mitarbeiter ihre Erfahrungen miteinander aus-
tauschen und für andere Projekte protokolllie-
ren.

Die aufgetretenen Probleme und die eingesetz-
ten Lösungen werden zusammengefasst

Positive, negative Erfahrungen und das durch
die Zusammenarbeit Gelernte werden schriftlich
festgehalten.

Technische Fortschritte festhalten
Empfehlungen für die zukünftige Entwicklung
werden erstellt.

- o **Das Projekt für abgeschlossen erklären**
  Es klingt banal, aber es hat eine große Wirkung, ein Projekt für abgeschlossen zu erklären: Das Unterbewusstsein kann es abhaken und loslassen.

Die Punkte helfen, aus den gemachten Erfahrungen am abgeschlossenen Projekt Nutzen für zukünftige Projekte zu ziehen.

Je sorgfältiger dies geschieht, desto besser ist es für die zukünftigen Projektteams.

LITERATUR

Alphanodes: Meindl, C., Scrum-Rollen – Der Product Owner, Internet Stand: 2015-12-01, (https://alphanodes.com/de/product-owner)

Arden, Paul; Egal, was du denkst, denk das Gegenteil, Bastei Lübbe (Lübbe Ehrenwirth); Auflage: 5 (2011)

Berckhan, Barbara; Die etwas andere Art, sich durch-zusetzen-Selbstbehauptungstraining für Frauen; dtv, 2003

Birkenbihl, Vera; Trotzdem lehren (MVG Verlag bei Redline), Moderne Verlagsges. Mvg, 2013

Birker, Gabriele; Birker, Klaus; von Pepels, Werner (Hrsg.); Teamentwicklung und Konfliktmanagement, Effizienzsteigerung durch Kooperation, Berlin, 1. Auflage, 2001

Bozyazi, E.: Design Thinking im Projektmanagement, Lehrmaterial Hochschule, Mannheim, Oktober 2014

Cameron, Julia; Von der Kunst des Schreibens und der spielerischen Freude, Worte fließen zu lassen, Droemer Knaur, (2003)

Covey, Stephen R. /Merrill, A. Roger /Merrill, Rebecca R; First Things First, Fireside by Simon & Schuster, New York, 1995

Covey, Stephen R. /Merrill, A. Roger /Merrill, Rebecca R.; Der Weg zum Wesentlichen: Zeitmanagement der vierten Generation, Campus Verlag, Frankfurt /M., New York, 2014

Csikszentmihalyi, Mihaly; Kreativität: Wie Sie das Unmögliche schaffen und Ihre Grenzen überwinden, Klett-Cotta, 2015

Denkmotor: Was ist Design Thinking?, Internet Stand 2015-12-05, Video, (http://www.denkmotor.com/angebot/kreativitat-und-innovation/seminardesign-thinking/)

Dörner, Dietrich; Die Logik des Mißlingens-Strategisches Denken in komplexen Situationen, rororo, 2015

Doran, G. T.; There's a S.M.A.R.T. way to write management's goals and objectives. Management Review, Volume 70, Issue 11(AMA FORUM), pp. 35-36, 1981

Dulabaum, Nina L.; Mediation: das ABC, die Kunst, in Konflikten erfolgreich zu vermitteln, Weinheim, 4. neu ausgestattete Auflage, 2009

Ernst, Heiko; Können wir unserem Bauchgefühl vertrauen?, Psychologie heute, 03/2003, S.20 ff

Eyer, Eckhard (Hrsg.); Report Wirtschaftsmediation, Krisen meistern durch professionelles Konflikt-Management, Düsseldorf, 2004

Francis C.; Young D.; Tuckman & Jensen, 1977

Gelb, M. J.; Das Leonardo-Prinzip, Econ Tb, 2001

Glasl, Friedrich; Konfliktmanagement, ein Handbuch für Führungskräfte, Beraterinnen und Berater, Bern, 7. Auflage, 2002

Goldberg, Natalie; Schreiben in Cafés, Natalie Goldberg, Autorenhaus, Auflage: 2. Auflage, 2009

Haeske, Udo; Team-und Konfliktmanagement, Teams erfolgreich leiten, Konflikte konstruktiv lösen, Berlin, 2013

Hanisch, Christian; Ausbildung zum Aufstellungsleiter „Systemischer Coach ICI /Systemischer Aufstellungsleiter ICI", European Business Ecademy, Seven Mirrors Consulting GmbH, 2011

Hansel, J.; /Lomnitz, G.; Projektleiter-Praxis-Erfolgreiche Projektabwicklung durch verbesserte Kommunikation und Kooperation, Springer-Verlag, Berlin, 1987

Haynes, Marion E; Projekt-Management-Von der Idee bis zur Umsetzung -, Wirtschaftsverlag Carl Ueberreuter, Wien, 2003

Hofstetter, H.; Der Faktor Mensch im Projekt, In: Schelle, H., Reschke, H., Schnopp, R., Schub A. (Hrsg.): Loseblattsammlung "Projekte erfolgreich managen", Veröffentlichungen des Verbands Deutscher Maschinen- und Anlagenbau e. V., Köln, 1998

http://www.psy.lmu.de/soz/studium/downloads_folien/ws_09_10/muf_09_10/muf_schattke_0910.pdf

https://wissensarbeiter.wordpress.com/2015/06/30/produkte-und-projekte-was-sind-die-unterschiede/

Kotter, John; Rathgeber, Holger; Stadler, Harald ; Das Pinguin Prinzip-Wie Veränderung zum Erfolg führt-, Droemer, 2011

Kriegisch, A., Scrum - Auf einer Seite erklärt, Internet Stand: 2015-12-01, (http://scrum-master.de/Was_ist_Scrum/Scrum_auf_einer_Seite_erklaert)

Kriegisch, A.: Scrum-Rollen–Product Owner, Scrum Master, Internet Stand: 2015-12-01, (http://scrum-master.de/Scrum-Rollen/Scrum-Rollen_Product_Owner)

Küstenmacher, Werner Tiki; Simplify your life-einfacher und glücklicher Leben-; Knaur TB, 2011

Litke, Hans-D.,; Projektmanagement: Methoden, Techniken, Verhaltensweisen, Carl Hanser Verlag, München /Wien, 2015

Lohmann, Friedrich; Konflikte lösen mit NLP, Techniken für Schlichungs-und Vermittlungsgespräche, Paarberatung und Mediation, nach Virginia Satir, John Grinder und Thies Stahl, Paderborn, 2003

Lundin e. a.; Fish-Ein ungewöhnliches Motivationsbuch-; Ueberreuther Wirtschaft; 2015

Massow, Martin; Gute Arbeit braucht Zeit-Entdeckung der kreativen Langsamkeit; Heyne, 1999

Mehrmann, Elisabeth; Wirtz, Thomas; Effizientes Projektmanagement, ECOn Taschenbuch Verlag, Düsseldorf, 2. Auflage, 2002

Meise, Sylvie; Hör doch mal zu!, Psychologie heute, 07/2003, S.46 ff

Michel, Reiner M.; Projektcontrolling und Reporting, Sauer-Verlag, Heidelberg, 1989

Modler, Peter; Das Arroganz-Prinzip: So haben Frauen mehr Erfolg im Beruf, Krüger, Frankfurt, 2012

Motamedi, Susanne; Körpersprache – schwere Sprache, Psychologie heute, 10/1996, S.52 ff

Mühlisch, Sabine; Das Prinzip KörperSprache im Unternehmen: Inspirationen für eine lebendige Arbeitsgestaltung, Junfermann, 2014

Naumann, Frank; Diplomatie: Der sanfte Weg zum Sieg, Psychologie heute, 11/2003, S 64 ff

Nöllke, Matthias; Schlagfertigkeit; Haufe; 2015

Orthwein, M.; Meßmer D., Agiles Projektmanagement – Projektentwicklung mit Scrum, Kanban & Co., Techdivison, Internet Stand 2015-12-06; (https://www.techdivision.com/_Resources/Persistent/a 90c984a454ba0b8478694b83f7a8822514b8fc8/Agiles-PM-Whitepaper0502.pdf)

Pantalon, M.V.; Nicht warten- Starten – Das 7-Minuten-Programm zur Motivation, dtv premium, 2012

Rahn-Huber, Ulla; Der Vampir neben dir; Kreuz, 2002

Schelle, Heinz; Projekte zum Erfolg führen, dtv Verlagsgesellschaft; Auflage: 7, 2014

Schmidt-Tanger, Martina; Kreische, Jörn; NLP-Modelle-Fluff & Facts, VAK Verlag für angewandte Kinesiologie GmbH, Freiburg im Breisgau, 2005

Schulz von Thun, Friedemann; Miteinander reden, rororo Rowohlt-Verlag, Reinbek bei Hamburg, 2010

Schwarz, Gerhard; Konfliktmanagement, Konflikte erkennen, analysieren, lösen, Wiesbaden, 2013

Seiwert, Lothar J.; Das 1 x 1 des Zeitmanagements, Knaur Ratgeber, 2014

Seiwert, Lothar J.; Wenn Du es eilig hast, gehe langsam, campus, 2012

Stoss, Karl; Botschen, Günther; Management der Strategischen Geschäftseinheiten, Verlag Gabler, Wiesbaden, 1994

Süß, Gerda; Eschlbeck, Dieter; Der Projektmanagement-Kompass, So steuern Sie Projekte kompetent und erfolgreich, Braunschweig, 1. Auflage, 2002

Thomas, Carmen; ModerationsAkademie für Medien und Wirtschaft, Engelskirchen

Wazlawick, Paul; Anleitung zum Unglücklichsein, Piper, 2009

Wazlawick, Paul; Beavin, Janet H.; Jackson, Don D.; Menschliche Kommunikation. Formen, Störungen, Paradoxien, Huber Hans, 2011, Die 5 Axiome der Kommunikationstheorie von Paul Watzlawick

Weidner, Christopher A.; Feng Shui gegen das Chaos auf dem Schreibtisch, rororo, 2004

Weyer, Simone; Konfliktmanagement im Projekt, Diplomarbeit FH Bochum, Fachbereich Wirtschaft, 2004

Will, Franz; Teamkonflikte erkennen und lösen: Zwischen Emotionen und Sachzwängen, Beltz; 2012

Wolf, Axel; Macht: Wer dominiert wen?, Psychologie heute, 01/1999, S 20 ff

Young; A Technique for Producing Ideas, Mcgraw-Hill Professional, 2003

FEEDBACK

Danke für eine positive Bewertung

Wenn Ihnen das Buch gefallen hat, schicken Sie mir bitte eine positive Bewertung bei Amazon Kindle.

Anmerkungen, Fragen oder Kritik

Hier können Sie mir Ihre Anmerkungen, Fragen oder Kritik zum Buch „7 auftriebsstarke Checklisten für Ihr Projekt" schicken.

Im Google-Formular können Sie mir direkt schreiben und eine Strategie-Session können sie hier buchen.

SACHWÖRTERVERZEICHNIS

Alternativstrategie .... - 8 -

Analysieren .... - 7 -

Arbeitskosten .... - 11 -

auditiv....................... - 17 -

Aufschub .... - 26 -

Ausrüstungskosten ...... - 11 -

Bedienungsanleitung... - 35 -

Bewertungskriterien....... - 9 -

Checkliste .... - 36 -

Deadline..................... - 30 -

Design Thinking .... - 9 -

Diskutieren .... - 7 -

Endziel .... - 8 -

Entschuldigung............ - 29 -

Feedback .... - 24 -, - 36 -

Festpreis .... - 12 -

Flexibilität................... - 13 -

Fragetechnik ..... - 14 -, - 27 -

Frist........................... - 28 -

Funktionstüchtigkeit..... - 35 -

Gefühle .... - 32 -

Gemeinkosten.............- 11 -

Gerätemieten ....- 11 -

Gesprächsklima ....- 29 -

Gewinn.......................- 12 -

Glaubenssatz..............- 15 -

gustatorisch................- 17 -

Hausaufgabe..............- 26 -

High   Performance
    Team ....- 33 -

kinästhetisch ....- 17 -

Kollegialität..................- 32 -

Kommunikation . - 14 -, - 24 -

Kommunikation,
    nonverbale ....- 24 -

Kommunikationsregel...- 25 -

Konflikte ....- 32 -

Konfliktsituation ....- 14 -

Körperausdruck............- 18 -

Korrekturmaßnahme ....- 21 -

Kostenkategorie ....- 12 -

Kritik...........................- 28 -

Kritik, konstruktive ....- 32 -

Leistungsbeurteilung ....- 36 -

Lösungsvorschläge ......- 28 -

Machbarkeit ....- 8 -

Materialkosten..............- 11 -

Meilenstein..................- 13 -

Memorandum..............- 28 -

Metapher.....................- 17 -

Mind-Map.....................- 9 -

Nebenkosten................- 12 -

Neurolinguistischen
   Programmierens
   (NLP).....................- 14 -

Notwendigkeiten ....- 8 -

olfaktorisch..................- 17 -

Pause

   kreative....................- 27 -

   stille ....- 27 -

Projektbesprechung ..- 25 -

Projektdefinition ....- 7 -

   vorläufige...................- 8 -

Projektergebnis ....- 35 -

Projektleiter- 7 -, - 28 -, - 40 -

Projektplan...................- 13 -

Projektplanung..............- 7 -

Projektrückblick............- 34 -

Protokoll......................- 28 -

S.M.A.R.T. ....- 18 -

Schlussbericht ....- 36 -

Spontaneität................- 28 -

Strategie, kreative..........- 9 -

Studieren ....- 7 -

Termindruck................- 30 -

Ultimatum ....- 30 -

Unterauftragnehmer.....- 12 -

Unterbewusstsei ....- 37 -

Verantwortlichkeiten..- 33 -

Verhandlungsgeschick.- 25 -

visuell...........................- 17 -

Wahrnehmungsuntersc
   hied...........................- 26 -

Wertesystem......- 13 -, - 15 -

Zeitplan   für   die
    Besprechung............ - 30 -

Zieldefinition...... - 15 -, - 26 -

ANHANG: LISTE DER LINKS

Kostenlose Strategie-Session http://bit.ly/2FBysxb

Kontakt https://www.kisp.de/kontakt

Blog „Selbstführung & Produktivität"
https://www.kisp.de/blog

Google-Formular

https://forms.gle/xyUrpdRhyezGemAY6

Bonusmaterial https://www.kisp.de/tdsy

ÜBER DIE AUTORIN

Prof. Dr. Annette Kunow unterstützt Menschen darin, sich selbst besser zu führen und zu strukturieren. Darüber hinaus begleitet sie Unternehmen, die mehr Effizienz in ihr Projektmanagement bringen wollen. Nicht zuletzt steht sie Startups im Bereich Engineering als Science Angel zur Verfügung.

Dinge konsequent voranzubringen ist ihre Leidenschaft.

Annette Kunow ist Autorin mehrerer Bücher.

Technische Mechanik Statik

Die Technische Mechanik ist eine Kernkompetenz eines jeden Ingenieurs. Ohne diese Kenntnisse können die physikalischen Eigenschaften von Systemen nicht erfasst werden.

Was Sie in diesem Buch lernen werden

1. Mathematische Grundlagen
2. Arbeitsbegriff der Statik
3. Gleichgewicht
4. Schnitt- und Reaktionskräfte
5. Haftung und Reibung
6. Raumstatik

Technische Mechanik Statik Übungen

Die Technische Mechanik ist eine Kernkompetenz eines jeden Ingenieurs. Ohne diese Kenntnisse können die physikalischen Eigenschaften von Systemen nicht erfasst werden.

Vollständig und mit möglichen Lösungsvarianten gelöste Übungsaufgaben

Was Sie in diesem Buch lernen werden

7. Mathematische Grundlagen
8. Arbeitsbegriff der Statik
9. Gleichgewicht
10. Schnitt- und Reaktionskräfte
11. Haftung und Reibung
12. Raumstatik

Technische Mechanik Elastostatik

Die Technische Mechanik ist eine Kernkompetenz eines jeden Ingenieurs. Ohne diese Kenntnisse können die physikalischen Eigenschaften von Systemen nicht erfasst werden.

Was Sie in diesem Buch lernen werden

1. Deformationen
2. Elastizitätsgesetz
3. Spannungen
4. Spannungszustände
5. Statische Bestimmtheit
6. Arbeitsbegriff der Elastostatik

Technische Mechanik Elastostatik Übungen

Die Technische Mechanik ist eine Kernkompetenz eines jeden Ingenieurs. Ohne diese Kenntnisse können die physikalischen Eigenschaften von Systemen nicht erfasst werden.

Vollständig und mit möglichen Lösungsvarianten gelöste Übungsaufgaben

Was Sie in diesem Buch lernen werden

7. Deformationen
8. Elastizitätsgesetz
9. Spannungen
10. Spannungszustände
11. Statische Bestimmtheit
12. Arbeitsbegriff der Elastostatik

Technische Mechanik Dynamik

Die Technische Mechanik ist eine Kernkompetenz eines jeden Ingenieurs. Ohne diese Kenntnisse können die physikalischen Eigenschaften von Systemen nicht erfasst werden.

Was Sie in diesem Buch lernen werden

- Kinematik
- Kinetik des Massenpunktes
- Kinetik des Massenpunktsystems
- Kinetik des Starrkörpers
- Ebene Bewegung
- Schwingungen

Technische Mechanik Dynamik Übungen

Die Technische Mechanik ist eine Kernkompetenz eines jeden Ingenieurs. Ohne diese Kenntnisse können die physikalischen Eigenschaften von Systemen nicht erfasst werden.

Vollständig und mit möglichen Lösungsvarianten gelöste Übungsaufgaben

Was Sie in diesem Buch lernen werden

- Kinematik
- Kinetik des Massenpunktes
- Kinetik des Massenpunktsystems
- Kinetik des Starrkörpers
- Ebene Bewegung
- Schwingungen

Projektmanagement und Business Coaching

Grundlagen des agilen Projektmanagements mit Methoden des Systemischen Coachings

Projektkompetenz ist heute die Kernkompetenz für jeden Berufstätigen. Ohne die Strukturierung durch das Projektmanagement sind Abläufe in Unternehmen nicht mehr zu bewältigen.

Was Sie in diesem Buch lernen werden

- Strukturierte Pläne
- Optimale Nutzung der Ressourcen
- Klar bewertbare Projektziele
- Angepasste Informationssysteme
- Führung des Teams
- Strategische Projektziele

Project Management and Business Coaching

Basics of Agile Project Management With Methods of Systemic Coaching

Project competence is today the core competence for every professional. Without structuring through project management, processes in companies can no longer be mastered.

What You Will Learn in this Book

- Structured plans
- Optimal use of resources
- Clearly assessable project objectives
- Adapted information systems
- Leadership of the team
- Strategic project goals

Finite-Elemente Methode / Computer Aided Engineering (CAE)

Theoretische Grundlagen und Lösungen

CAE ist heute in den Konstruktions- und Entwicklungsbereichen der Industrie nicht mehr wegzudenken. Die heute übliche automatische Vernetzung kann ohne das Grundlagenwissen zu gravierenden Fehlern führen.

Was Sie in diesem Buch lernen werden

- Grundbegriffe und Gesamtsteifigkeit
- Flächen- und Volumenelemente
- Vernetzungsregeln
- Versuche
- Dynamische Berechnungen
- Nichtlinearität

Numerische Dynamik

Grundlagen-Modellbildung-Anwendungen

Die Numerische Dynamik ist ein bedeutender Bestandteil im Engineering. Sie vermittelt die physikalischen Zusammenhänge, um Konstruktionen unter bewegten Belastungen zu dimensionieren.

Was Sie in diesem Buch lernen werden

- Grundlagen der Dynamik/ Kinetik
- Prinzip der dynamischen Berechnung
    - Einmassenschwinger
    - System mit zwei Freiheitsgraden
    - Mehrmassensystem
- Berechnung für das Kontinuum
- Ausführliche Beispiele und Übungen, incl. Eingaben in die Programme (EXCEL, MATLAB)

Numerische Dynamik Übungen

Grundlagen-Modellbildung-Anwendungen

Die Numerische Dynamik ist ein bedeutender Bestandteil im Engineering. Sie vermittelt die physikalischen Zusammenhänge, um Konstruktionen
unter bewegten Belastungen zu dimensionieren.

Was Sie in diesem Buch lernen werden

- Grundlagen der Dynamik/Kinetik
- Prinzip der dynamischen Berechnung
  - Einmassenschwinger
  - System mit zwei Freiheitsgraden
  - Mehrmassensystem
- Berechnung für das Kontinuum
- Ausführliche Beispiele und Übungen, incl. Eingaben in die
  Programme (EXCEL, MATLAB)

24 raketenstarke Produktivitäts-Stategien

So bringen Sie Ihren ganz persönlichen Business-Alltag zum Abheben

In diesem Booklet finden Sie eine Zusammenfassung der wichtigsten Produktivitäts-Strategien.

Was Sie in diesem Buch lernen werden

o   Zusammenfassung der wichtigsten Produktivitäts-Strategien

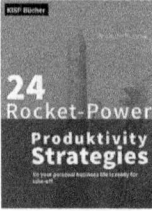

24 Rocket Power Productivity Strategies

How to make your very personal business day stand out

In this booklet you will find a summary of the most important productivity strategies.

What You Will Learn in this Book

- o   Summary of the most important productivity strategies

7 auftriebsstarke Listen für Ihr Projekt

So bringen Sie Ihr nächstes Projekt in Sekunden-schnelle nach oben

Ich zeige Ihnen hier meine 7 wichtigsten Checklis-ten zur Planung und erfolgreichen Durchführung eines Projektes.

Und Sie bekommen eine umfangreiche Beschreibung zu den ein-zelnen Schritten, um es gut umsetzen zu können.

Was Sie in diesem Buch lernen werden

o   Checklisten zur Planung und erfolgreichen Durchführung eines Projektes mit Beschreibunmhg

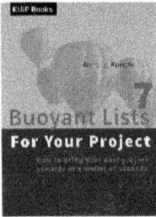

7 Buoyant Lists For Your Project

How to bring your next project upwards in a matter of seconds

Here I show you my 7 most important checklists for planning and successful implementation of a project.

And you will receive a comprehensive description of the individual steps in order to be able to implement it well.

What You Will Learn in this Book

o   Checklists for planning and successful implementation of a project

www.ingramcontent.com/pod-product-compliance
Lightning Source LLC
Chambersburg PA
CBHW022050190326
41520CB00008B/770